2013 公 益 性 行 业 科 研
专项经费环保项目科普宣传资料

农药不可怕

农药的小知识

卜元卿　单正军　谭丽超　编著

科 学 出 版 社
北 京

内容简介

当下中国的食品安全问题正是困惑民众的一个普遍问题，其中威胁食品安全的农药残留问题也被推上风口浪尖，引发质疑和困惑。为了帮助大众全面认识和了解农药，本书依据最新资料，用简明通俗的文字，辅以生动形象的配图，介绍农药的定义、分类、安全性、管理制度、常用品种和科学认识，为公众释疑解惑。

本书既可作为科普读物进行休闲阅读，又可以作为工具书进行参考。希望本书能为相关从业人员提供帮助，并能在一定程度上满足社会大众对农药的认识。

图书在版编目 (CIP) 数据

农药不可怕：农药的小知识 / 卜元卿，单正军，谭丽超编著 .

-- 北京：科学出版社，2018.1

ISBN 978-7-03-056465-8

Ⅰ. ①农… Ⅱ. ①卜… ②单… ③谭… Ⅲ. ①农药 – 基本知识 Ⅳ. ① S48

中国版本图书馆 CIP 数据核字 (2018) 第 019823 号

责任编辑：王腾飞

责任印制：师艳茹 / 封面设计：许 瑞 / 插画设计：邵 芳

科学出版社 出版

北京东黄城根北街 16 号

邮政编码：100717

http://www.sciencep.com

北京画中画印刷有限公司印刷

科学出版社发行 各地新华书店经销

*

2018 年 3 月第 一 版 开本：890×1240 1/32

2020 年 1月第六次印刷 印张：1 1/4

字数：40 000

定价：29.00 元

（如有印装质量问题，我社负责调换）

目录

1、农药是什么

农药指任何能够预防、摧毁、驱逐、或减少害虫的物质或混合物（包含助剂成分）。

2、农药助剂是什么

广义上的农药助剂包含在农药制剂中除农药有效成分以外的所有其他成分和农药制剂在使用过程中所加入的增效成分等，狭义上的农药助剂特指农药加工和应用过程中应用的表面活性剂。

3、农药添加助剂的原因

农药只有当其中的有效成分与有害生物或被保护对象接触、摄取或吸收后，才可以发挥作用。然而大部分农药原药难溶于水，无法直接加水喷雾或以其他方式均匀分散并覆盖于被保护的作物或防治对象上或其活动场所，必须通过剂型加工（添加助剂），做成各种不同的制剂后才可使用。

4、农药的分类

按来源	按防治对象
矿物源农药（无机农药）、化学农药（有机合成农药）、生物源农药、植物源农药等。	杀虫剂、杀菌剂、杀螨剂、杀线虫剂、杀鼠剂、除草剂、脱叶剂、植物生长调节剂等。

5、农药毒性分级和毒性标识

根据对哺乳动物的急性经口毒性，将农药分为剧毒、高毒、中等毒、低毒四个级别。

6、农药的毒性与哪些因素有关

1）类别因素。一般来说，杀虫剂对人和动物的急性毒性最高，除草剂的急性毒性比杀虫剂低，但有些除草剂如有机砷类的地乐酚和百草枯，如果使用过程中不谨慎，也会产生毒性。大多数杀菌剂对哺乳动物的毒性比较低。

2）剂型因素。如用来杀灭地下害虫的高毒农药呋喃丹，做成颗粒剂后就能大大降低它的危害性，因此高毒颗粒剂农药不能用水稀释喷施。

3）助剂的毒性因素。一些液态农药制剂如乳油、可溶液剂、微乳剂等，加工过程中都不可避免地要加入一些有机溶剂、增溶剂、乳化剂和极性溶剂等助剂，其中会有苯、二甲苯、丙酮等常见有机物质。这些助剂相对于一些高毒农药，毒性可能并不高，但相对于一些低毒、微毒农药，毒性却不低，甚至有些还高于农药本身。尤其是乳油产品，使用了大量苯类有机溶剂，对环境和人体的影响最为严重。

7、现在我国已禁用的农药品种有哪些

国家明令禁止生产销售和使用的农药名单

六六六	滴滴涕	毒杀芬	二溴氯丙烷	杀虫脒	二溴乙烷
除草醚	艾氏剂	汞制剂	狄氏剂	砷类	铅类
敌枯双	氟乙酰胺	甘氟	毒鼠强	氟乙酸钠	毒鼠硅
甲胺磷	甲基对硫磷	对硫磷	久效磷	磷胺	苯线磷
地虫硫磷	甲基硫环磷	磷化钙	磷化镁	磷化锌	硫线磷
特丁硫磷	蝇毒磷	治螟磷	氯磺隆	福美胂	福美甲胂
胺苯磺隆单剂	甲磺隆单剂				

此外，百草枯水剂自 2016 年 7 月 1 日起停止在国内销售和使用。胺苯磺隆复配制剂、甲磺隆复配制剂自 2017 年 7 月 1 日起禁止在国内销售和使用；三氯杀螨醇自 2018 年 10 月 1 日起，全面禁止销售和使用。

限制使用的 23 种农药（含 2018 年 10 月 1 日起限用的氟苯虫酰胺）：甲拌磷、甲基异柳磷、内吸磷、克百威、涕灭威、灭线磷、硫环磷、氯唑磷，不得用于蔬菜、果树、茶树、中草药材上。自 2018 年 10 月 1 日起，禁止克百威、甲拌磷、甲基异柳磷在甘蔗作物上使用。水胺硫磷不得用于柑橘树。灭多威不得用于柑橘树、苹果树、茶树、十字花科蔬菜。硫丹不得用于苹果树、茶树。氧乐果不得在甘蓝、柑橘树上使用。三氯杀螨醇、氰戊菊酯不得用于茶树上。杀扑磷禁止在柑橘树上使用。丁酰肼（比久）不得在花生上使用。氟虫腈除卫生用、玉米等部分旱田种子包衣剂外的其他用途被禁止。毒死蜱自 2016 年 12 月 31 日起，禁止在蔬菜上使用。三唑磷自 2016 年 12 月 31 日起，禁止在蔬菜上使用。自 2018 年 10 月 1 日起，禁止销售、使用其他包装的磷化铝产品。自 2018 年 10 月 1 日起，禁止氟苯虫酰胺在水稻作物上使用。

8、存储农药注意的安全事项

1）封闭贮藏于背光，阴凉，干燥处。

2）远离食品、饮料、饲料及日用品。

3）存放在儿童和牲畜接触不到的地方。

此外不能与碱性物质混放。

9、如何做到科学安全用药

1）坚持“预防为主、综合防治”。

2）确定防治对象，对症下药。根据防治对象其特征和危害症状进行确诊，根据不同的物种，选择不同药剂。如高粱喷施敌百虫容易产生药害，杀虫双用于棉花防治害虫易产生药害等。根据作物的生长期和病虫害发生程度，掌握最佳的防治时期，严格按照农药包装上注明的使用浓度进行科学配制，不能重复用药，任意加大药量。

3）注意气温对药效的影响。在农业生产中，必须充分了解所选药剂特性，并且根据防治适期及天气情况，合理选择有效药剂适时进行防治。如使用敌百虫防治荔枝椿象，在气温较低时，使用浓度应高一些；在气温较高时，使用浓度可低一些。

4）农药种类、性质、剂型、使用方法和施药浓度不同，其分解速度也不同，加之各种作物的生长趋势和季节不同，施药后的安全间隔期也不同。使用农药前，须仔细阅读农药标签，大于安全间隔期施药，确保农产品食用安全。

10、混合用药应注意哪些问题

1）高毒农药品种不能混合使用；

2）一般药品种不能和碱性物质混合使用；

3）现配的农药品种不宜长期保存；

4）不同剂型农药一般不能混合使用；

5）具有交互抗性关系的农药不能混合使用；

6）每次使用混合农药的总量不得超过单剂使用的总和。

11、施药后应注意哪些问题

1）喷药后的作物应立警戒标识，尤其是瓜、果、蔬菜应插警戒红牌，禁止人、畜入内。

2）施药后作物不能马上采收，应按国家农药安全使用规定，收获前需要注意农药品种的安全间隔期，以免造成人、畜中毒或加大农药在农产品中的残留量。

3）施药用具清洗要避开人、畜饮用水源。

4）农药包装废弃物要妥善收集处理，不能随便乱扔。

12、施用农药容易对哪些生物造成影响

1）由于农田、果园、森林、草地等大量使用化学农药，鸟类觅食导致直接中毒致死；或对繁殖后代产生严重的影响。

2）广谱杀虫剂在使用过程中不仅能杀死诸多害虫，也同样杀死了益虫及其他一些害虫的天敌，如蜜蜂、家蚕等。

3）大量农药进入土壤后，导致土壤中的无脊椎动物减少，甚至频于灭绝。蚯蚓是土壤中最重要的无脊椎动物，它对保持土壤的良好结构和提高土壤肥力有着重要意义，但有些高毒农药，比如毒石畏等能在短时期内杀死它。

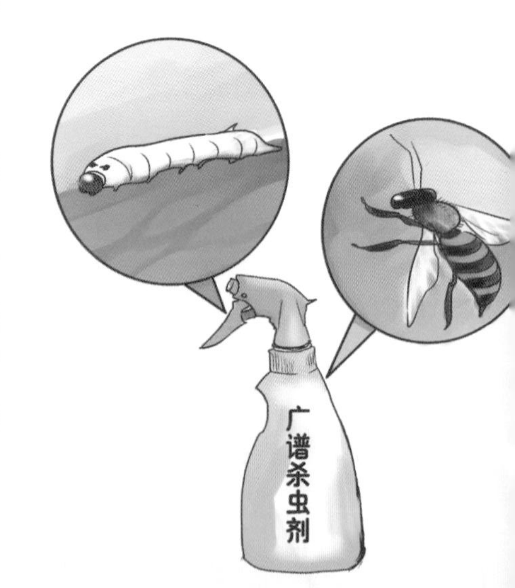

4）杀菌剂不仅杀灭或抑制了病原微生物，同时也危害了一些有益土壤微生物，如硝化细菌和氨化细菌。硝化细菌能将亚硝酸根氧化成硝酸根离子，使得它被植物顺利吸收；氨化细菌能将有机物分解并产生氨气，促进氮循环，两者对农业生产有重要作用。

5）随排水或雨水进入水体的农药，使淡水水域和海洋近海岸水域的水质受到损坏，影响水生生物胚胎发育，使幼苗生长缓慢或死亡。

13、施药人员如何保护自己

1）施药人员应是青壮年，老、幼、病、弱者和经期、怀孕期、哺乳期妇女不应施药。

2）施药前应检查喷药器械是否 “跑、冒、滴、漏”，忌用嘴去吹堵塞的喷头，应用牙签、草杆或水来疏通喷头。

3）配药时应带手套及口罩，严禁用手拌药，药桶不能装得太满。农药配制点应在远离村庄、水源、食品店、畜禽并且通风良好的场所进行。

4)施药时要穿戴防护衣具，如帽子、口罩、护目镜、橡胶手套、雨衣、长筒鞋等防止药液黏上或吸入药液造成中毒。施药时不能吸烟、喝水。

5）施药时间不能太长，每天不能超过 6 小时，并且不要连续多日喷施。施药过程中如出现乏力、头昏、恶心、呕吐、皮肤红肿等中毒症状，应立即离开现场，脱去被农药污染的衣服，用肥皂清洗身体，中毒症状较重者应立即送医院治疗。

6）喷药应从上风头开始，大风、高温、露水未干和降雨时不能喷施。在温室、大棚喷施粉尘剂或点燃烟熏剂应从离出入口远处开始。

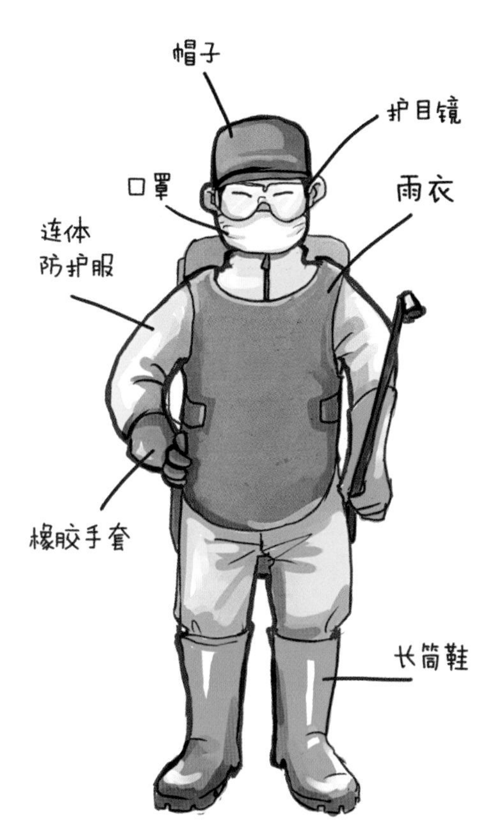

14、农药进入人体的主要途径有哪些

1）偶然大量接触，如误食。

2）长期接触一定量的农药，如农药厂的工人和使用农药的农民。

3）日常生活接触环境和食品中的残留农药，这是农药进入普通人群人体的最主要途径。

15、农药易对人体产生哪些危害

农药对人体的危害主要表现为 3 种形式：急性中毒、慢性危害和“三致”危害。

（1）急性中毒

农药经口、吸呼道或接触，大量进入人体内，短时间内表现出急性病理反应。急性中毒往往造成大量个体死亡，成为最明显的农药危害。

（2）慢性危害

长期接触或食用含农药食品，农药在体内不断蓄积，短时间虽不引起人体出现明显急性中毒症状，但可产生慢性危害，对人体健康构成潜在威胁。

（3）致癌、致畸、致突变

可引发男性不育，致癌、致畸、致突变。

16、农药残留对人体的慢性危害有哪些

1）身体免疫力下降：食品残留农药被血液吸收，分布到神经突触和神经肌肉接头处，直接损害神经元，造成中枢神经死亡，导致身体各器官免疫力下降。如经常性的感冒、头晕、心悸、盗汗、失眠、健忘等。

2）加重肝脏负担：残留农药进入体内，主要依靠肝脏制造酶来吸收毒素，进行氧化分解。如果长期食用带有残留农药的瓜果蔬菜，肝脏就会不停地工作来分解毒素，长时间超负荷工作会引起肝硬化、肝积水等肝脏病变。

3）导致胃肠道疾病：由于胃肠道消化系统胃壁褶皱较多，易存毒物，残留农药容易积存，引起慢性腹泻、恶心等。

17、农药中毒了该怎么办

1）尽快将中毒者转移到空气新鲜的地方，脱去沾有农药的衣服、帽、袜等，用肥皂水及清水彻底清洗沾有农药的皮肤、头面、头发及手指甲缝等处。但敌百虫中毒时，切记不能用肥皂水洗。因为敌百虫遇碱后会转化为毒性更强的敌敌畏，而肥皂水是碱性的。

2）农药中毒时不可用热水洗澡，防止皮肤血管扩张，增进吸收，中毒加剧。

3）误服农药中毒者，应快速饮清水或稀肥皂水 300~500ml 或 2% 苏打水（200ml 水加 4g 小苏打，敌百虫中毒不能用肥皂

水和苏打水）。然后，用手指或筷子刺激中毒者的咽喉、舌根催吐。如此反复，直到吐出液澄清、无农药气味为止。

4）对昏迷不醒、病情危急者，应立即就近送医院抢救。在护送路上应注意解开病人的衣领、腰带及紧身衣服，以免妨碍呼吸，并将病人头部倾向一侧，防止口腔、鼻子内分泌物堵塞气管。同时，要注意给病人保暖，观察其呼吸、脉搏、瞳孔的变化。

18、家庭养花喷洒农药注意事项

1）注意浓度。施药浓度过高，易造成花卉受害。

2）注意不同种类的花卉，或同一品种不同发育阶段的花卉，对农药的反应是不同的，如图所示。同一种花卉，一般地说，幼苗期、嫩梢、嫩叶均易产生药害，大部分花卉在花期对农药敏感，故应慎重用药。

3）气温高、日照强时，施药易产生药害，夏季施药宜傍晚进行。

4）药液随配随用。久存药液，易发生沉淀、有效成分分解，不仅防效低，且易产生药害。

5）无风天气室外喷药，做好防护措施。

农药类型	物种
波尔多液及其含铜杀菌剂	文竹、桃、梅、李、梨等
石硫合剂	桃、李、梅、梨、葡萄、杏等
百菌清	桃、梅等
乐果	梅花、榆叶梅、碧桃、杏、樱花、贴梗海棠等
敌敌畏	杜鹃、梅花、樱花等
杀螟松	紫罗兰、石榴等

19、农药残留对食品安全的影响

食品安全指食品无毒、无害，符合应当有的营养要求，对人体健康不造成任何急性、亚急性或者慢性危害。

农业化学控制物质、农药残留、食品添加剂、动植物天然毒素、真菌毒素、食源性致病菌和病毒等会对食品安全产生危害。其中农药残留是引起农产品质量安全的主要因素。

20、食品中农药残留的来源途径有哪些

（1）施用农药对农作物的直接污染

包括表面黏附污染和内吸性污染。例如农药直接喷洒在叶面类蔬菜上，就很可能导致蔬菜叶面黏附农药，造成农药残留。

（2）农作物从污染的环境中吸收农药

农药喷洒后一部分附着于作物上，一部分散落在土壤、大气和水等环境中。环境中的残存农药一部分又会被植物吸收。例如黄瓜未开花时喷洒农药，由于喷洒农药散落在土壤中，灌溉过程中土壤中残留的农药很可能通过水体被黄瓜吸收，导致黄瓜残存农药。

（3）通过食物链和生物富集污染食品

含农药工业废水进入江河湖海，污染水产品；用被农药污染的饲料饲喂家禽，导致肉、奶、蛋的污染。

（4）其他来源的污染

粮库内使用熏蒸剂等对粮食造成污染；禽畜饲养场所及禽畜身上施用农药致动物性食品的污染；粮食贮存加工、运输销售过程中污染：如混装、混放、容器及车船污染等，尤其是运输过程中包装不严或农药容器破损，会导致运输工具污染，被污染运输

工具，未经彻底清洗，导致装运粮食或其他食品污染；误将农药加掺入食品中；施用时用错品种或剂量导致农药高残留等。

21、农药引起食品安全问题的主要原因

（1）生产环境

工业不断发展，加上农民非科学生产，水环境、土壤环境、大气环境都遭到了不同程度污染。

（2）观念因素

没有严格按照农药使用范围施药，如将仅用于水稻的杀虫剂用于蔬菜；没有严格按照安全间隔期使用农药，造成农药残留超标，如果农产品今天施药，明天上市。

22、如何认识农药与食品安全

“民以食为天，食以安为先”。随着人民生活水平不断提高，食品安全问题越来越敏感，“谈农药色变”。其实不然。农药作为防治或调控有害生物的化学物质，存在一定毒性，但并非用过农药的农产品一定有毒。安全与危险取决于摄入量。农药使用后在植物体内会逐渐降解或消失，食品中农药残留量低于标准规定的最大允许残留限量（MRL）值，长期食用对人类健康无害。

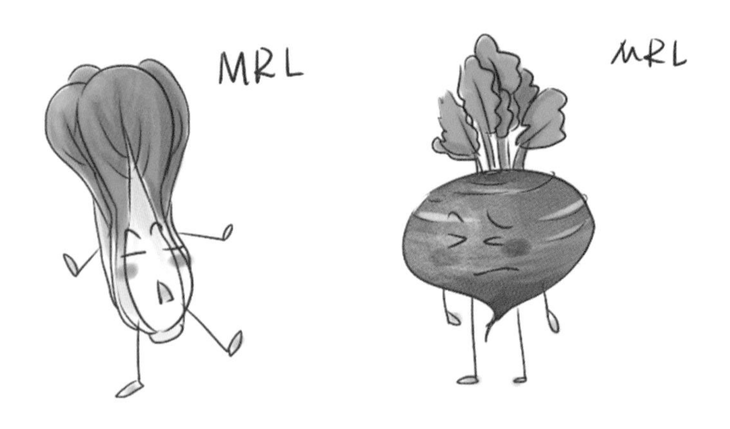

23、如何预防蔬果农药中毒

1）选择经认证的有机、绿色、无公害标志的信誉度良好的供应商产品。

2）外表不平或多细毛蔬果，较易沾染农药，食用前务必用清水冲洗。

3）蔬果表面有药斑，或有不正常、刺鼻化学药剂味时，表示可能有残留农药，应避免选购。

4）连续性采收农作物（可长期而连续多次采收），如菜豆、豌豆、韭菜、小黄瓜、芥蓝等生长期内须长期连续喷洒农药。应加大清洗次数及时间，降低农药残留。

24、通常情况下什么果蔬农药少

果蔬的生长周期、品种不同，生长地域、气候差异，病虫害的发生程度也有所不同，所以农药的使用次数和用量也不同。

种类	农药残留情况
苦瓜、冬瓜	病虫害较少，农药残留相对较少
鲜藕、马铃薯、芋头、冬笋、萝卜、蒜头、大头菜等根茎果蔬	农药残留相对较少
洋葱、茴香、香菜、辣椒等	味道特殊，通常虫害少、农药残留较少
樱桃、杏	生产季节病虫害发生比较低，农药使用也相对较少
苹果、梨	果实套袋栽培，农药残留减少

25、蔬菜什么部位农药残留最多

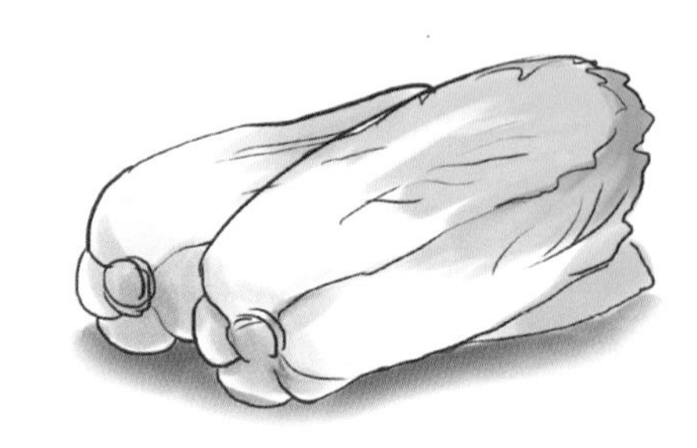

菜帮和菜蒂是农药残留最多的部位。如大白菜近根部的菜帮、柿子椒把连着的凹下部分，农药都比其他部位多，吃的时候最好丢掉。残留药总积聚在这些部位，与蔬菜的生长方式及喷药方法有关。

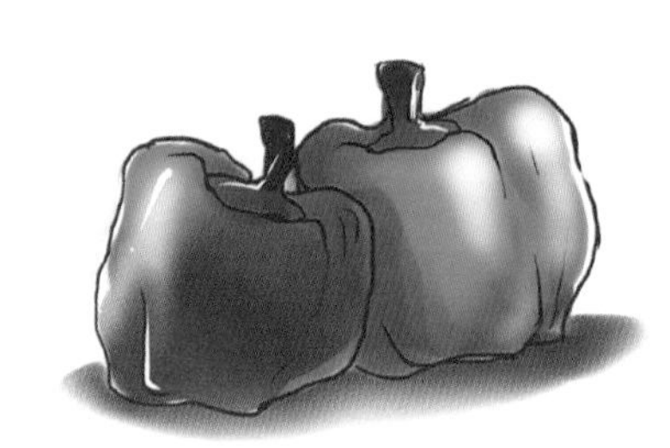

以大白菜为例，喷药受重力作用，会顺菜叶和菜秆流下，聚在菜帮，因此菜帮处农药相对多一些。

青椒类似，也遵循这规律。青椒植株较矮，常常自上而下喷施农药，青椒蒂部会积累许多农药。

因此，在食用大白菜等时，最好切掉菜帮。而吃青椒等时，要抠掉蒂。

26、不应该迷信"有虫眼"蔬菜

有虫眼的蔬菜水果可能是对成虫施药，而无虫眼则可能是在幼虫或虫卵期施药。成虫抵抗力显然大于幼虫，所以农药使用量

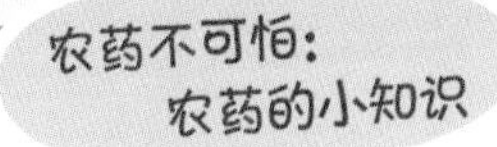

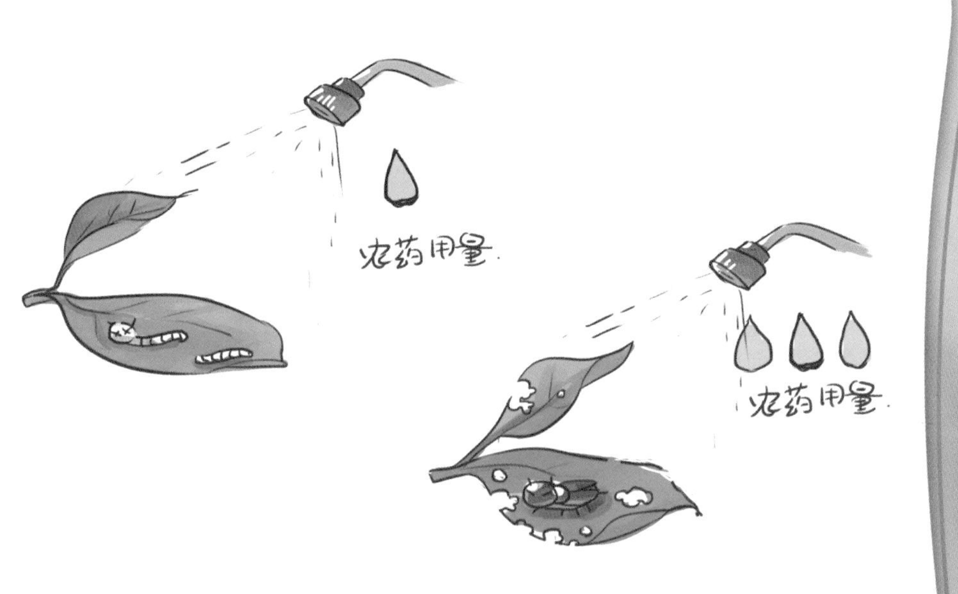

或许更高。且成虫出现时间晚于幼虫，因此有虫眼蔬菜施药时间离收获更近，农药分解少、残留高。所以不要笃信"有虫眼就是无农药"。

27、科学选购瓜果蔬菜

（1）优先选择当季蔬果

反季或提早上市蔬果所含农药残留比较高。因为在不适合生长环境下，植物需靠大量肥料及农药来维持生长，另外有些农民为想卖好价钱，不注重农药安全期限，提早采收蔬果，农药残留的机会就高。

（2）漂亮的蔬果不一定是健康

看起来鲜丽、没虫蛀，有可能是一些农民在农药安全间隔期内采收所致，最漂亮的蔬果可能也最危险。

（3）采购不同菜贩的农产品

不同菜贩的农产品来自不同果菜园，农药处理方式不完全一样，采购不同菜贩的农产品，可以分散一些风险。

（4）叶菜类蔬果农药残留相比根茎类高

叶菜类接触农药面积大，表面平整，农药残留可能性高，应该注意清洗处理。而根茎类，因农药喷洒不到，且大多去皮食用，农药污染可能性就低得多。

（5）品牌蔬果安全有保障

蔬果农药残留，通常看不见闻不到，但经专业处理、检验的蔬果，仍值得信赖。

28、蔬果去除残留农药方法

方法名称	原理	适用品种	步骤和建议
储存法	随着时间延长，农药残留缓慢分解为对人体无害的物质。易于保存的蔬果可存放一定时间，减少农药残留量	适用于苹果、猕猴桃、冬瓜等不易腐烂的品种	存放 15 天以上，建议不即食新采摘未削皮水果
浸泡水洗法	水洗是清除蔬果污物和残留农药的基础方法，但有机磷杀虫剂难溶于水，难以被清洗去除	适用于叶类蔬菜，如菠菜、金针菜、韭菜、生菜、小白菜等	用水冲洗表面污物，然后用清水浸泡（浸泡不宜超过 10 分钟，以免表面残留农药渗入蔬菜内），果蔬清洗剂可促进农药溶出，浸泡时可加少量果蔬清洗剂，浸泡后要流水冲洗 2~3 遍
碱水浸泡法	有机磷杀虫剂易溶于碱性溶液，碱水可以有效去除该类农药污染	适用于各类蔬果	将表面污物冲洗干净，然后浸泡碱水 5~15 分钟（一般 500ml 水加入碱面 5~10g），后用清水冲洗 3~5 遍

方法名称	原理	适用品种	步骤和建议
去皮法	蔬果表皮是农药量相对较多的部位，去皮是一种较好的去除残留农药方法	适用于苹果、梨、黄瓜、胡萝卜、冬瓜、南瓜、西葫芦、茄子、萝卜等	防止去皮与未去皮蔬果混放，造成二次污染
加热法	氨基甲酸酯类杀虫剂随温度升高，分解速度加快。通过加热可去除蔬果中部分难以处理的农药	适用于芹菜、菠菜、小白菜、圆白菜、青椒、菜花、豆角等	用清水去除表面污物，沸水浸泡 2~5 分钟后捞出，然后用清水冲洗 1~2 遍（根据实际情况，混合使用以上方法，效果更好）
生物消解酶去除法	生物消解酶可有效去除残留农药	适用于各类蔬果	清水中加入独立包装生物消解酶，将蔬果浸泡 8~15 分钟（视情况加大用量或延长时间），浸泡后流水冲洗 2 遍

29、无公害食品、绿色食品与有机食品

除有机食品，我国市场上推广的认证食品还有无公害食品和绿色食品。

1）无公害食品是按照相应生产技术标准生产、符合通用卫生标准并经有关部门认定的安全食品。严格来讲，无公害是食品的一种基本要求，普通食品都应达到这一要求。

2）绿色食品是我国农业部门推广的认证食品，分为 A 级和 AA 级。A 级绿色食品允许生产中限量使用化学合成生产资料，AA 级绿色食品则较为严格地要求在生产中不使用任何化学合成的肥料、农药、兽药、饲料添加剂、食品添加剂和其他有害于环境和健康的物质。

3）有机食品是指以有机方式生产加工的、符合有关标准并通过专门认证机构认证的农副产品及其加工品，包括粮食、蔬菜、奶制品、禽畜产品、蜂蜜、水产品、调料等。有机食品在生产加工中严禁使用农药、化肥、激素等人工合成物质，且不允许使用基因工程技术。

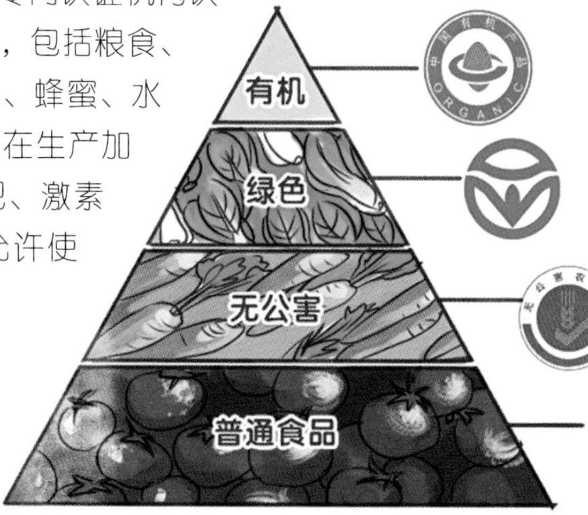

有机
绿色
无公害
普通食品

30、减少农药残留控制措施

（1）加强农药生产和经营管理

申请农药登记需提供农药样品及农药产品的毒理学、残留、环境影响、标签等。未取得农药登记和农药生产许可证的农药不得生产、销售和使用。严格管理农药企业——经销商——农户的农药营销渠道，加强政府相关部门的调控和监管作用。

（2）安全合理使用农药

严格遵守我国农药禁用和限用规定，履行农药登记资料中公益农药的使用要求。同时注意宣传和指导，加强农民的安全意识，防治农药污染和中毒事件。

（3）加大农药残留监管力度

监管部门对市场上即将上市销售的蔬果需要及时进行采样检测分析，严格执行食品中农药残留限量标准，合格者准入，不合格者就地销毁。

31、农产品质量安全监管主要目标

1）农药生产企业。重点检查是否存在生产禁用高毒农药，是否存在无证生产，产品是否非法添加其他农药成份，产品标注成分含量是否合格，产品是否超范围推荐使用等标签不规范行为。

2）农药流通市场。重点检查是否销售禁用高毒农药，是否存在无证经营行为，经营产品是否三证齐全，经营产品是否非法添加其他农药成份，经营产品成分含量标注是否合格，经营产品是否有超范围推荐使用等不规范标签行为。

3）农产品生产基地。重点检查的农产品生产基地包括农民专业合作社、种植大户，特别是享受政府扶持政策的种植业主，检查他们是否按规定制定生产技术规程，是否及时齐全地登记记录农药和肥料的使用情况，是否使用禁用农药，是否超范围使用，是否非法使用染色剂、膨大剂、甜味素等添加剂。

4）农产品加工企业。重点检查储藏和加工环节是否及时齐全地登记记录保鲜剂等农药的使用情况，是否非法使用染色剂。

32、针对农产品农药残留问题开展专项整治行动

1）开展种植业产品农药残留专项整治行动。推行高毒农药销售档案管理制度，严格执行国家已公布的禁用、限用品种目录和范围；建立健全农产品质量安全追溯制度，采用信息化管理手段，提高农产品全过程的监管能力。

2）开展畜产品违禁药物专项整治行动。加强饲料和兽药市场准入管理，逐步建立生产和经营可追溯制度。

3）开展水产品药物残留专项整治行动。整顿水产养殖用药市场经营秩序，加强对养殖户科学用药技术指导。

33、生物农药

生物农药指利用生物活体或其代谢产物制造的农药。

主要有微生物农药（真菌、细菌、病毒、原生动物）、植物源农药、动物源农药和生物化学农药（信息素、激素、植物调节剂、昆虫生长调节剂）等。

生物农药的有效活性成分完全存在和来源于自然生态系统，易被日光、植物或各种土壤微生物分解。利用生物农药进行病虫害防治是来于自然，归于自然的良好防治手段。

34、为什么生物农药更安全

1）化学农药滥用，导致许多害虫产生抗药性，害虫抗药性变强，常规化学农药难把害虫杀死。

2）生物农药低毒、无残留、作用迟缓、持效期长。对人、动物及植物无害，也不会对环境造成污染。

35、微生物农药使用注意事项

1）掌握温度，及时喷施，提高防治效果。微生物农药活性成分主要由蛋白质晶体和有生命芽孢组成，对温度敏感。低于最佳温度喷施微生物农药，芽孢在害虫机体内繁殖速度缓慢，且蛋白质晶体也难发挥作用，难以达到最佳防治效果。试验证明，20 ～ 30℃时生物农药防治效果比 10 ～ 15℃时高出 1 ～ 2 倍。为此，需要掌握温度，确保喷施生物农药防治效果。

2）把握湿度，选时喷施，保证防治质量。微生物农药对湿度的要求极为敏感。农田环境湿度越大，药效越明显，特别是粉状微生物农药。喷施细菌粉剂时务必抓住早晚露水未干的时机。在蔬果等食用农产品上使用时，务必使药剂黏附在茎叶上，使芽孢快速繁殖，害虫啃食叶子，药效立即产生，很好地起防治作用。

3）避免强光，增强芽孢活力，充分发挥药效。紫外线对芽孢有着致命伤害作用。太阳直接照射 30 分钟和 60 分钟，芽孢死亡率竟会达到 50%，甚至超过 80%，且紫外线辐射对伴孢晶体产生变形降效作用。因此，避免强太阳光，可以增强芽孢活力，发挥芽孢治虫效果。

4）避免暴雨冲刷，适时用药，确保杀灭害虫。芽孢最怕暴雨冲刷，暴雨会将在蔬菜、瓜果等作物上喷施的菌液冲刷掉，影响对害虫的杀伤力。如果喷施后遇到小雨，则有利芽孢的发芽，害虫食后将加速其死亡，可提高防效。为此，要求各地农技人员指导农民使用生物农药时，要根据当地天气预报，适时用好生物农药，严禁在暴雨期间用药，确保其杀虫效果。